*Glaube
und (oder)
Naturwissenschaft (?)*

Glaube und (oder) Naturwissenschaft (?)

Allegorien (auch) für Laien

Felix Hess

Bibliografische Information der Deutschen Nationalbibliothek
Die Deutsche Nationalbibliothek verzeichnet diese Publikation
in der Deutschen Nationalbibliografie; detaillierte bibliografische
Daten sind im Internet über http://dnb.d-nb.de abrufbar.

© 2014 Felix Hess
Umschlagfoto: Totale Sonnenfinsternis (1999)
Umschlagdesign, Satz, Herstellung und Verlag:
BoD – Books on Demand, Norderstedt

ISBN 978-3-7357-8401-8

Inhaltsverzeichnis

SWR-Landesstudio Rheinland-Pfalz
Die Zeit und der unendliche Gott 9

Der Verfasser
Naturwissenschaft und Glauben 19

SWR-Landesstudio Rheinland-Pfalz
Aussagen durch Methode definiert 20

Kommuniqué Bischofskonferenzen
Lehramt und Wissenschaft 23

Domkapitel Limburg
Anfrage zum Erscheinen Christi 25

Bischof von Mainz
Auferstehung – ein reales Ereignis 27

Bischof von Limburg
Hirtenwort 29

Der Verfasser
Forum Hirtenbrief 30

Der Verfasser
Die Wunder Jesu 31

Domkapitular, Aachen
Subjektive Theologie 32

Präsident Bundesarbeitsgericht a. D.
Der Glaube muss zutiefst gelebt werden 33

Radaktion Deutschlandfunk
Bekenntnisse von Wissenschaftlern 37

Entdecker der Relativitätstheorie
Einstein und die Gottesfrage 48

Politiker, Katholik, Physiker, Erfurt
Schöpfung und Evolution 49

Wissenschaftsjournalist, Würzburg
Denken des Glaubens – Denken der Naturwissenschaft 52

Theologe und Biologe, Aachen
Geplanter Zufall – zufälliger Plan 54

Über dieses Buch

Der Verfasser hat sich intensiv mit dem Thema Glaube und Naturwissenschaften auseinandergesetzt. Es soll gezeigt werden, wie die Thematik von unterschiedlicher, untereinander vollkommen unabhängiger Warte aus gesehen wird, um zu einem Urteil zu kommen. Wie ein roter Faden verbinden sich die einzelnen Kapitel des Buches zu einem Gesamtkonzept hin zum Glauben an einen persönlichen Gott. In Beiträgen von Theologen, Professoren, Bischöfen, Hochschullehrern und Laien fügen sich dabei die Aspekte zu einem Ganzen zusammen. Die theologisch-wissenschaftlichen Argumente standen für den Verfasser im Vordergrund. Auch Laien finden hier einen Zugang zu den Fragen des eigenen Lebens.

Der Verfasser

Das christliche Bild der Welt ist, dass die Welt in einem sehr komplizierten Evolutionsprozess entstanden ist, dass sie aber im Tiefsten eben doch aus der Offenbarung Gottes kommt. Sie trägt insofern Vernunft in sich.

Josef Ratzinger/Papst Benedikt XVI.

Die Zeit und der unendliche Gott

Katholische Morgenfeier, SWR-Landesstudio Rheinland-Pfalz:

Am 1. Januar 1981 wurde Griechenland als zehntes Mitglied in der Europäischen Gemeinschaft aufgenommen. Darüber haben uns die Medien ausführlich unterrichtet. So erinnere ich mich an einen Beitrag, in dem ein Korrespondent aus Athen seine persönlichen Eindrücke schilderte. Der sprichwörtliche kleine Mann auf der Straße, sagte er, wisse in Griechenland wenig von den finanziellen, wirtschaftlichen, politischen Folgen des Beitritts seines Landes. Die Propaganda, mit der man ihm seitens der Regierung wie der Opposition eingedeckt habe, sei wenig informativ gewesen. Aber dieses Ereignis löse Ängste aus. Man fürchte um die Siesta! Die Siesta, jener in den Mittelmeerländern heilige Brauch, um die Mittagszeit der Ruhe zu pflegen, wenn die Sonne am höchsten steht und die Temperaturen auf eine Höhe klettern, die dem Arbeitseifer nicht förderlich ist. Man fürchte, man werde sich nun auch dem in Mitteleuropa üblichen Arbeitstempo anpassen müssen. Das aber löse beim sprichwörtlichen kleinen Mann auf der Straße in Griechenland Ängste aus.

Das kann man öfter hören, unser Tempo, in dem wir leben, arbeiten, ja sogar Freizeit und Urlaub verbringen, muss vor allem auf Bewohner südlicherer Länder beängstigend wirken. Ganz verständnislos sehen sie etwa auf die Aufregung, wenn unsereiner den Bus oder den Zug verpasst. Warum sich aufregen? Morgen ist auch noch ein Tag. Da fährt wieder ein

Zug oder Bus. Wie? Einen ganzen Tag verloren? Was heißt hier verloren? Du hast ihn doch gelebt! – Ja sicher, aber die Zeit ist verloren. Die kostbare Zeit. Ich habe doch keine Zeit.

Wir haben keine Zeit. Das ist schon wahr, sogar so wahr, dass ich manchmal den Eindruck habe: Selbst wer Zeit hat, kann es sich gar nicht leisten, das zuzugeben. Wer keine Zeit hat, ist gefragt. Wer Zeit hat, ist nicht gefragt. Wer mag schon zugeben, er sei nicht gefragt? Der Mensch und seine Zeit. Wie unterschiedlich er sie erlebt, seine Zeit, die paar Tage, die er zu leben hat!

Ein Mensch steht am Rande einer Schlucht.
Unter ihm tost ein Gebirgsbach zu Tal. Tief hat er sich ein Bett gegraben, mitten durch den harten Fels. Stetig hat er an ihm genagt, ist hier in einen Spalt eingedrungen, hat dort einen größeren Block unterspült, der hinunterstürzte, anderes Gestein zerschlug, das wiederum vom Wasser weggespült wurde.
Tag und Nacht, Jahr um Jahr. Wie viele Jahre für einen Meter? 10 Jahre oder 50, 500 oder gar 1000?

Der Mensch oben am Rand der Schlucht denkt: Wenn ich als Kind und als Greis von der gleichen Stelle aus den gleichen Fluss betrachten würde, ob ich da einen Unterschied feststellen könnte? – Wie kurz sind die Tage des Menschen, in welch langen Zeiträumen arbeitet die Natur? Da haben deutsche Forscher in Spanien Riesenfernrohre aufgestellt, die Sterne zu beobachten. Zurzeit schauen sie gerade zu, wie vor 4,5 Milliarden Jahren ein neuer Stern entstand. Man kann also mit einem Fernrohr heute Dinge beobachten, die vor 4,5 Milliarden Jahren geschehen sind. Wie das? Einfach, weil das Licht, das in der Geburtsstunde dieses Sterns aufstrahlte, eben diese 4,5 Milliarden Jahre brauchte, bis es unsere Erde heute endlich erreicht. Dieser Stern entstand also zu einer Zeit, als auch unser Sonnensystem mit unserer Erde geboren wurde. Was heute mit diesem Stern los ist, ob er überhaupt noch existiert, das wissen wir nicht und können wir auch nie erfahren. So wie ich ja auch nicht wissen kann, ob ein Bekannter noch lebt, wenn sein Brief 3 Wochen brauchte, um mich zu erreichen. Was kann in diesen drei Wochen nicht alles geschehen sein. Und erst in 4,5 Milliarden Jahren.

Nein, versuchen Sie gar nicht, sich vorzustellen, wie lange wohl 4,5 Milliarden Jahre dauern könnten. Nur ein Vergleich: Ein Menschenalter von 90 Jahren wäre im Vergleich nicht mehr als die letzte ¾ Sekunde! – Der Mensch und sein kleines bisschen Zeit!

Natürlich hat jener weise Mann in Israel, der am Ende des 2. Jahrhunderts vor Christus lebte und jenes Buch Koheleth schrieb, das uns in der Bibel, im AT überliefert ist, natürlich hat der von solch riesigen Zeiträumen nichts gewusst.
    Aber da er ein Weiser war, hat er die Menschen und die Welt beobachtet und viel über sie nachgedacht. Drum hat er auch viel von der Zeit gewusst, von Menschen und seiner Zeit. Und da erschreckte ihn etwas. Es war ... aber hören wir ihn doch selbst:

> Eine Generation geht, eine andere kommt.
> Die Erde steht in Ewigkeit.
>
> Die Sonne, die aufging und wieder niederging,
> atemlos jagt sie zurück an den Ort, wo sie wieder aufgeht.

Er weht nach Süden, dreht nach Norden,
dreht, dreht, weht der Wind.
Weil er sich immerzu dreht, kehrt er zurück, der Wind.

Alle Flüsse fließen ins Meer,
das Meer wird nicht voll.

Zu dem Ort, wo die Flüsse entspringen,
kehren sie zurück, um wieder zu entspringen.
Alle Dinge sind rastlos tätig,
kein Mensch kann alles ausdrücken,
nie wird ein Auge satt, wenn es beobachtet,
nie wird ein Ohr vom Hören voll.

Was geschehen ist, wird wieder geschehen,
was man getan hat, wird man wieder tun:
Es gibt nichts Neues unter der Sonne.

Zwar gibt es bisweilen ein Ding, von dem es heißt:
Sieh dir das an, das ist etwas Neues –
aber auch das gab es schon in den Zeiten,
die vor uns gewesen sind.

Nur gibt es keine Erinnerung an die Früheren,
und auch an die Späteren, die erst kommen werden,
auch an sie wird es keine Erinnerung geben.

Was wir eben hörten, war der Prolog, eine Art Vorwort. Da hat der Koheleth schon einen der wichtigen Gedanken ausgesprochen, die ihn in Atem gehalten haben. Er beobachtete: Alles dreht sich im Kreis! Was war, das kehrt wieder.

Es ist immer der alte Wind, der einmal von Nord, einmal von Süd, einmal von West und einmal von Ost her weht. Es ist die gleiche Sonne, die während der Nacht vom Ort ihres Untergangs im Westen unter der Erdscheibe hindurch – so dachte man sich das damals – an den Ort ihres morgendlichen Aufgangs eilt.

Es ist das ewig gleiche Wasser, das ins Meer fließt, und von dort, da dieses nicht vollläuft, auf geheimnisvolle Weise zu den Quellen der Flüsse zurückkehrt, um wieder zu fließen, um wieder zurückzukehren. Alles läuft im Kreis! – Und da sollte es mit dem Menschen anders sein? Er lebt doch auf diesem Karussell, er dreht sich mit ihm. Auch er dreht sich im Kreis. Was war, das kommt wieder! Was Neues unter der Sonne? Nein! Selbst wenn es uns neu vorkommt: Das ist nur so, weil wir halt nicht alles aus der Vergangenheit kennen. Der Mensch und seine Zeit – es ist einer, der mit der Zeit im Kreis fährt, immerfort, immerzu, um dort anzukommen, von wo er ausgegangen ist. Das Rad der Zeit dreht sich, und der Mensch auf ihm wird mitgedreht. Wie käme ich kleiner Mensch dazu, zu meinen, um meinetwillen müsste sich mal was vorwärts bewegen und sich nicht nur im Kreise drehn? Klein ist der Mensch, unbedeutend, geradezu beängstigend unwichtig. Was ist schon sein bisschen Zeit? Selbst wenn er 90 Jahre lebt: Nicht mehr als die letzte ¾ Sekunde eines Jahrhunderts. Der Mensch und seine Zeit: Noch einmal klingt dieses Thema machtvoll beim Koheleth an in dem wohl bekanntesten Text aus seinem Buch, sicher mit einer der am meist zitierten Stellen aus der Bibel überhaupt: Koh 3. 1–8

Alles hat seine Stunde. Für jedes Geschehen unter dem Himmel gibt es eine bestimmte Zeit:

eine Zeit zu Gebären
und eine Zeit zum Sterben
eine Zeit zum Pflanzen
und eine Zeit zum Abernten der Pflanzen,
eine Zeit zum Töten
und eine Zeit zum Heilen,
eine Zeit zum Niederreißen
und eine Zeit zum Bauen,
eine Zeit zum Weinen
und eine Zeit zum Lachen,
eine Zeit für die Klage
und eine Zeit für den Tanz;
eine Zeit zum Steinewerfen
und eine Zeit zum Steinesammeln,
eine Zeit zum Umarmen
und eine Zeit, die Umarmung zu lösen;
eine Zeit zum Suchen
und eine Zeit zum Verlieren,
eine Zeit zum Behalten
und eine Zeit zum Wegwerfen,
eine Zeit zum Zerreißen
und eine Zeit zum Zusammennähen,
eine Zeit zum Schweigen
und eine Zeit zum Reden,
eine Zeit zum Lieben
und eine Zeit zum Hassen,
eine Zeit für den Krieg
und eine Zeit für den Frieden.

Alles hat seine Zeit! Dann, wenn die Zeit dafür da ist, kannst Du lachen. Und wenn das vorbei ist, wirst Du wieder weinen, kannst Du weinen, musst Du weinen. Da läuft alles seinen Gang. Ob Krieg oder Frieden, ob ernten oder säen, ob trauern oder tanzen. Da kannst Du gar nichts ändern, Du Mensch. Viel zu klein bist Du dazu, zu unbedeutend, viel zu schwach, um Dich mit Deinen bescheidenen Kräften gegen den Kreislauf der Dinge zu stemmen. Drum: Was bleibt Dir denn sonst! Mach mit, dreh dich mit, weine, wenn es zu weinen gilt, lache, wenn es zu lachen gilt. Geht doch alles seinen ehernen Gang.

Ein Sprung von mehr als 2000 Jahren.

In einem auch für Laien lesbaren Buch hat ein Wissenschaftler den Gang der Evolution, der Entstehung des Lebens und seiner Entwicklung auf unserer Erde beschrieben.

Gegen Ende des Buches fragt er, was wohl geschähe, wenn die Menschen in einem Anfall von Wahnsinn die Schreckenskammern der Militärs öffneten und alle vorhandenen Waffen über unserer Erde explodieren lassen. Seine Antwort:

Nach dem heutigen Stand unserer Vernichtungstechnik ist nicht zu erwarten, dass alles Leben auf unserem Planeten Erde ausgelöscht würde. Dazu ist die Vielfalt der Lebensformen zu groß. Das Ganze ginge also wieder – von einer einfachen Vorstufe aus – von Neuem los. Vom Standpunkt der Evolution im Ganzen aus gesehen ist das Schicksal der jetzigen Menschheit also relativ nebensächlich. Vielleicht ein missglückter, aber wiederholbarer Versuch.

Also da haben wir's. Nicht nur das Schicksal eines einzelnen Menschen ist – im Kreislauf der Zeit – relativ unbedeutend. Das Gleiche gilt für die gesamte Menschheit. Selbst wenn in einem Akt des Wahnsinns alle Menschen, alle Tiere, alle

Pflanzen zerstört würden, irgendwo in einer tiefen Felsenspalte oder Höhle oder eingefroren im ewigen Eis würden winzige Keime des Lebens die Katastrophe überdauern. Wieder würde sich das Leben über die Erde ausbreiten, wieder würde es nach Hunderttausenden Jahren ein intelligentes, mit Vernunft, Sprache und Herz ausgestattetes Lebewesen hervorbringen – das vielleicht ganz anders aussähe als der heutige Mensch. Wozu? Um sich dann wieder in die Luft zu sprengen, wenn es die Waffen dazu entwickelt hätte, um wieder von Neuem anzufangen?

Noch einer von deinen Kreisläufen, lieber K., den einer deiner Brüder, mehr als 2000 Jahre nach dir, glaubt, feststellen zu können. Zwar ist er ein wenig optimistischer als du. Irgendwann, wenn nicht bei diesem Anlauf, so dann bei einem späteren, irgendeinem, würde der Kreislauf durchbrochen, meint er.
Eine neue Stufe wird erreicht und – mit ihr – das Glück? Das, lieber K., hofft dein Bruder, der gelehrte Professor im 20. Jahrhundert. Er hofft es, denn beweisen kann er es nicht, nicht mit den Mitteln seiner Wissenschaft.

Von diesen gigantischen Kreisläufen hast du damals noch nichts wissen können. Aber die du kanntest, waren dir schon zu viel und haben dich erschreckt und mutlos gemacht. Und um nicht zu verzweifeln angesichts der Hoffnungslosigkeit dieser Kreisläufe, hast du dir eine dicke Hornhaut zugelegt, zuzulegen versucht. Ich weiß ja nicht, ob es dir wirklich gelungen ist. Und auch den anderen hast du gesagt: All eure Aufregung ändert doch nichts, es geht doch alles seinen ehernen Gang. Chebel ist alles, eitel ist alles und das Suchen nach einem Ziel wie das Haschen nach Wind.

Lieber K., ich kann dich gut verstehen. Und du hast recht. Man tut gut daran, sich eine dicke Hornhaut zuzulegen, damit einem nicht alles so tief unter die Haut geht. Ja, gut ist so eine Hornhaut, da hast du recht.

Mich wundert nur, wie du mit solch schwarzen Gedanken, solchen Ketzereien Platz gefunden hast in der Bibel, dein Buch unter die hl. Schriften aufgenommen worden ist. Heute bekämst du dafür nicht einmal die kirchliche Druckerlaubnis, das kannst du mir glauben. Da fehlt ja ganz das Positive, würde man sich erregen.

Nur eins wüsste ich gern: Ob du wohl ganz zufrieden warst mit dem Ergebnis deines Nachdenkens: Chebel ist alles, eitel ist alles? Du sagst mir das zu oft, und manchmal, so scheint mir wenigstens, klingt es ein bisschen wie ein Protest.

Hast nicht auch du dir ganz tief in deinem Herzen gewünscht, es möge nicht alles chebel, alles eitel sein? Ob nicht der Mensch doch – und sei er noch so klein, seine Zeit noch so winzig wenig, – und das stimmt ja alles, was du sagst, das wissen wir heute noch besser als du damals – ob nicht der Mensch vielleicht doch nicht nur im Kreis läuft, jeder Einzelne doch einmalig ist und ein Leben ein Ergebnis hat, das sich nicht totläuft im Kreis der Vergeblichkeiten.

Gewünscht hast du dir das sicher, lieber K. – oder sollte ich mich da täuschen?

Aber du warst redlich. Du wolltest nicht mehr sagen, als du mit deiner eigenen Erfahrung decken konntest, und du hast deiner Sehnsucht nur gestattet, ganz heimlich zwischen den Zeilen ein wenig hervorzulugen. Ich glaube: Unter deiner Hornhaut blieb deine Sehnsucht lebendig.

2000 Jahre nach dir wurde einer geboren. Ich wünschte, du hättest ihn kennenlernen dürfen oder wenigstens doch, wie ich heute, von ihm wissen. Seit es ihn gibt, weiß ich, darf ich glauben, dass ich, der kleine Mensch, verloren in Raum und Zeit, doch nicht ganz verloren bin, so gering meine Rolle hier auch sei.

Denn auch um meinetwillen, so hat er mich gelehrt, hat es der unendliche Gott für wert gefunden, aus seiner eisigen Ferne, in der du ihn vermutet hast, in der ihn viele Menschen heute auch vermuten, hat er es wert gefunden, herabzusteigen, mir ganz nahe zu sein, in jenem Mann aus Nazareth. Seit ihm und durch ihn weiß ich, darf ich glauben, dass mein Leben, dass keines Menschen Leben ein Kreislauf ist. Aus dem Staub, zurück in den Staub und nichts weiter!

Nein, es hat einen Anfang und hat ein Ende. Was sage ich Ende: Das Ende ist ja eine Ankunft bei dem, den er, der Mann aus Nazareth, liebevoll seinen lieben Vater nannte.

SWR-Landesstudio Rheinland-Pfalz

Naturwissenschaft und Glauben

Brief an das SWR-Landesstudio Rheinland-Pfalz:

Ich interessierte mich für das Manuskript der katholischen Morgenfeier im Landesstudio Rheinland-Pfalz, das Sie mir freundlicherweise auch zuschickten.

Sie erwähnten im Zusammenhang mit Ihrem Thema das Buch von Karsten Brech, Zwischenstufe Leben, Evolution ohne Ziel?, das ich mir gekauft hatte, weil mich der Zusammenhang Evolutionsgedanke/Religiosität interessierte.

Mein Fazit: Die Naturwissenschaft hat die Zusammenhänge der Evolution, die Entwicklung des Lebens auf unserer Erde bis in Jahrmillionen zurückergründet, uns sehr genau bestimmen können. Die Entstehung des Lebens, den Ursprung der Evolution auf unserem Planeten hat sie jedoch bis heute nicht gefunden, da sie (m. E.) eine Transzendenz nicht anerkennt. Gibt es Ihrer Auffassung nach eine Brücke zwischen Naturwissenschaft und Glauben? Genauer ausgedrückt: Kann man die heutigen naturwissenschaftlichen Erkenntnisse mit der Bibel (Hl. Schrift) und dem christlichen (katholischen) Glauben in Einklang bringen?

Eine kürzlich kontrovers geführte Unterhaltung ist der Anlass meines Briefes.

Wenn ich Ihnen nicht zu viel Arbeit zumute, würde mich Ihre Meinung dazu sehr interessieren.

Der Verfasser

Aussagen durch Methode definiert

Antwort SWR-Landesstudio Rheinland-Pfalz:

Jede Wissenschaft kann nur Aussagen machen im Bereich ihrer Methode. Sie bekommt nur Antworten auf die Fragen, die sie stellt, und welche Fragen sie stellt, das ist durch die von ihr gewählte Methode definiert. Sie kann also nur den Aspekt der gesamten Wirklichkeit erforschen, darstellen, Aussagen über ihn machen, den ihre Art zu fragen ihr zugänglich macht. Wenn ein Chemiker die Farbpartikel und die Zusammensetzung der Aromastoffe einer Rose genau bestimmt, macht er damit richtige und exakte Aussagen über die Rose. Er weiß aber damit nicht das, was ein passionierter Rosenzüchter beim Anblick eines Prachtexemplars empfindet oder was jemand weiß, dem ich eine Rose schenke.

Würde er aber sagen: Nur das, was ich über die Rose herausbringe, kann den Anspruch erheben, die Wahrheit über die Rose zu sein, würde er sich lächerlich machen.

Auf die Evolutionstheorie angewandt:
Der Biologe bzw. Paläontologe kann feststellen, dass mit an Sicherheit grenzender Wahrscheinlichkeit eine Evolution stattgefunden hat. Er kann sogar nachvollziehen im Experiment, was sich z. B. im Übergangsfeld vom Anorganischen zum Organischen (Entstehung der Aminosäuren als Baustein des Eiweißes, was seinerseits die Bedingung ist, das Leben entstehen kann) abgespielt hat.

Damit kann er aber nicht die Frage beantworten:

Woher kommt das alles? Steckt dahinter eine Kraft, die alles bewegt und lenkt?

Führt das auf ein Ziel zu, das vorher von einer Intelligenz festgelegt worden ist?

Wenn er als Naturwissenschaftler diese Frage beantworten will, dann kann er das gewissermaßen als Mensch, dem sich solche existenziellen Fragen aufdrängen. Er antwortet dann mit philosophischen Methoden, nicht mit naturwissenschaftlichen, oder aufgrund einer Glaubensentscheidung, also religiös.

So z. B. der Biochemiker Jacques Monod auf die Frage nach dem Woher und Wohin atheistisch mit dem Wort Zufall antwortet. Oder der Physiker Max Planck christlich aussagt: „Der erste Schluck aus dem Becher der Wissenschaft erzeugt Atheismus, aber auf dem Grund des Bechers kommt einem Gott entgegen."

Im Grunde treffen sie damit eine Glaubensentscheidung, für die sie keine naturwissenschaftlichen Beweise erbringen können, weil diese Art von Fragen nicht in den Fragekreis der naturwissenschaftlichen Methode gehört. Man kann also nicht sagen: Die Naturwissenschaft schließt die Möglichkeit der Transzendenz aus, sondern nur: Sie kann, sofern sie Naturwissenschaft bleiben und Ihre Grenzen nicht überschreiten will, sich gar nicht damit befassen und deshalb darüber auch keine Aussagen machen.

Konflikte zwischen Naturwissenschaft und Glaube kommen daher, wenn entweder der eine oder der andere seine Grenzen überschreitet. Vielleicht kann man das noch verdeutlichen an dem, was man in der Sprache des Glaubens ein Wunder nennt, und damit seiner Überzeugung Ausdruck gibt: Hier hat Gott in den sonstigen Ablauf der Dinge eingegriffen. Der Naturwissenschaftler kann hier nur das Ereignis selbst feststellen, es exakt beschreiben und mit seinen Methoden untersuchen, ob es nicht doch eine natürliche Erklärung gibt. Die Aussage: Hier hat Gott eingegriffen, kann er als gläubiger Mensch machen, nicht aber als Ergebnis seines wissenschaftlichen Forschens darstellen. Natürlich auch nicht das Gegenteil. Er kann nicht als Ergebnis seines Forschens mit Sicherheit ausschließen, dass Gott hier unmittelbar am Werk war, ganz davon abgesehen, dass dies der Fall sein kann, selbst wenn alle natürlichen Ursachen geklärt sind. Würde ein Wissenschaftler diese Aussage in negativer Art machen, würde er seine Grenzen überschreiten. Vgl. Gagarin, der aus der Tatsache, dass er Gott im Weltraum nicht gesehen hat, schließt: Es könne ihn nicht geben. Ich hoffe, ich habe Ihnen etwas weitergeholfen und verbleibe mit freundlichen Grüßen.

SWR-Landesstudio Rheinland-Pfalz

Lehramt und Wissenschaft

Zwischen dem kirchlichen Lehramt und der wissenschaftlichen Theologie gibt es nach übereinstimmender Ansicht von katholischen Bischöfen und Theologieprofessoren keine unüberbrückbaren Gegensätze, in grundlegenden Fragen bestehe vielmehr eine hohe Übereinstimmung, heißt es in einem Kommuniqué, das im Anschluss an ein Treffen von Vertretern der Deutschen, der Österreichischen und der Schweizer Bischofskonferenz und den Sprechern der Arbeitsgemeinschaften der theologischen Disziplinen im deutschen Sprachraum veröffentlicht wurde.

Das mehrstündige Gespräch war das zweite dieser Art nach der sogenannten Kölner Erklärung, in der zahlreiche Theologieprofessoren die Amtsführung von Papst Johannes Paul II. kritisiert hatten. Wie es in dem Kommuniqué heißt, waren sich die Teilnehmer einig, dass bestehende Irritationen durch eine ernsthafte Klärung der zugrunde liegenden Fragen behoben werden müssten.

Gesprächsthemen waren offenbar unter anderem die in der Erklärung benannten Schwierigkeiten bei der Berufung von Theologieprofessoren sowie der Verbindlichkeitsgrad der Enzyklika Humanae Vitae, in der die katholische Kirche auch zu Empfängnisverhütung Stellung nimmt. Bei der Unterredung sei über Wahrheit in der Spannung von Gewissen und Autorität gesprochen worden.

Zudem hätten Bischöfe und Professoren über Stufen der Wahrheit beziehungsweise eine unterschiedliche Verbindlichkeit lehramtlicher Aussagen beraten. Die Frage war offenbar, wie im Zusammenhang mit Humanae Vitae mit einzelnen Äußerungen des kirchlichen Lehramtes über die Zuordnung von Autorität und Gewissen umgegangen werden soll.

Das Verhältnis von Lehramt und Theologie, so heißt es in dem Kommuniqué, müsse sich an den spezifischen Aufgaben der Theologie und des kirchlichen Lehramtes orientieren.

Kommuniqué Bischofskonferenzen

Anfrage zum Erscheinen Christi

Anfrage in der Kirchenzeitung für das Bistum Limburg: Nach wissenschaftlichen Angaben existiert die Erde seit fünf bis sechs Milliarden Jahren und wird schon lange von Menschen bewohnt. Warum zeigt sich Gott in Christus erst seit zweitausend Jahren und davor etwa fünfzehnhundert Jahre zuvor im Alten Testament nur durch Mose und die Propheten?

„Die Antwort könnte kurz gegeben werden: Es lag so in Gottes unerforschlichem Ratschluss, den Zeitpunkt zu bestimmen, da er sich den Menschen offenbarte. Für ihn gibt es keine Zeit in unserem Sinne. Man kann ihm nichts vorrechnen. Das Alter der Erde zu bestimmen ist dauernde, fortschreitende Bemühung der Wissenschaft. Die Zeiträume von Milliarden Jahren sind für uns fast unvorstellbar. Wann auf diesem Erdball überhaupt Leben entstand, ist unsicher. Aber dieses Leben entwickelte sich unaufhaltsam, planvoll und sinnvoll nach oben aus dem Willen des Schöpfers heraus. Diese Entwicklung ist auf jeden Fall noch sehr jung im Vergleich mit der leblosen Materie, die dem Leben vorausgeht.

Ganz am Ende dieser aufsteigenden Linie des Lebens erscheint der Mensch, gleichsam in letzter Sekunde. Die Funde von Schädeln, Skeletten und Werkzeugen geben uns Kunde davon. Wir unterscheiden den wissenden Menschen von heute vom Neandertaler und davor noch mehr als zweihunderttausend Jahre zurück Menschenformen schon mit Werkzeugen (Verstand).

Noch einfachere Formen liegen viel weiter zurück. Jahreszahlen, Zeiträume, Entwicklungsstufen sind unsicher. Sicher ist, dass im Laufe dieser Entwicklung einmal der Mensch begann, nicht mehr als Etwas, sondern als Jemand.

Wie der Mensch sich entwickelt hat, so hat sich wohl auch das entwickelt, was wir Religionen nennen. Frühformen finden wir noch heute. Als der wissende Mensch geistig dazu fähig war, kam es zu Hochreligionen. In diese Stufe hinein kommt von Gott her die Offenbarung des Einen Gottes, die Menschwerdung, das ganze Erlösungsgeheimnis in Jesus. Die stufenweise Offenbarung Gottes sehen wir eindeutig vom Alten zum Neuen Testament fortschreiten.

Es bleiben viele Fragen offen. Wann waren die Menschen fähig, das zu verstehen? Wie viele Menschen nahmen seitdem diese Offenbarungen an, vielleicht dreißig Prozent der heutigen Menschheit? Wir wissen aber, hinter allem, was geschah als Schöpfung, Offenbarung und Erlösung, steht der lebendige Gott. Sein Geheimnis bleibt, aber seine Pläne mit uns gehen weiter in die Zukunft."

Domkapitel Limburg

Auferstehung – ein reales Ereignis

Ein auf jeden Fall reales Ereignis sieht der Mainzer Bischof in der Auferstehung Jesu Christi, an die das Osterfest erinnert. In einem Interview der Katholischen Nachrichten-Agentur wandte sich der damalige Vorsitzende der Katholischen Deutschen Bischofskonferenz gegen Versuche, die biblischen Berichte von der Auferstehung lediglich symbolhaft zu verstehen. Die Auferstehung sei nicht nur ein Moment in unserem Bewusstsein oder gar ein Hirngespinst, sagte der Bischof. Zwar sei sie, streng genommen, ein Geschehnis in der Sphäre Gottes, das im Kern nicht zu unserer Geschichte gehört. Sie wirke sich aber als Ereignis in Raum und Zeit aus. In diesem Sinne habe das Geschehnis der Auferstehung Jesu Christi durch Gott mit der leibhaftigen Geschichte Jesu und mit unserer Welt sehr eng zu tun, auch wenn es diese überschreitet.

Das leere Grab und die Erscheinungen Jesu Christi, von denen in der Bibel die Rede ist, zeugten von der geschichtlichen Wirklichkeit der Auferstehung, genauso die biblischen Angaben über Raum und Zeit, zum Beispiel die Ortsangabe Jerusalem und die Zeitangabe dritter Tag. Es sei aber bezeichnend, so der Bischof, dass diese Hinweise immer auch intensive symbolische Bedeutung hätten. Zu theologischen Versuchen, die biblischen Auferstehungsberichte rein bildhaft zu verstehen, sagte der Bischof, diese in sich vielfältigen Entwürfe seien nicht über einen Leisten zu schlagen und müssten sorgfältig untersucht werden. Insgesamt stufte er sie jedoch auf einer differenzierten Beurteilungsskala zwischen unzureichend und falsch ein. Der Bischof hob hervor, in den großen alten Kulturen und erst recht in der Bibel lasse sich ein Bild wie in den modernen Gegensatz „reine Tatsache – bloßes Bild" aufspalten.

Im Grunde habe auch das wirklich moderne Denken solch flache Alternativen hinter sich gelassen.

Die Kirche, so der Bischof, wolle dem Menschen dienen, ihn zu einer verlässlichen Orientierung einladen, die allen Fragen und Nöten menschlichen Lebens standhalte. Der tiefste Stachel, der in unserem Fleisch sitzt, ist dabei der Tod. Auf ihn kann nur Gott selbst eine Antwort geben. Die Kirche möchte darum die Menschen zu einem Leben führen, das Fragen und Nöte nicht zu verdrängen braucht und zugleich gelassen und heiter, frei und verantwortlich ist.

Bischof von Mainz

Hirtenwort

Eine ganz einfache Wahrheit hilft mir, die Kirche zu sehen, wie sie ist:
Sie ist nicht das Ziel des Glaubens, sie ist im wahrsten Sinne des Wortes vor-läufig. Zweifellos ist sie als Gemeinschaft der Glaubenden unbedingt notwendig. Ohne die Menschen, die vor mir geglaubt haben und mit mir glauben, wäre ich nicht der, der ich bin und sein möchte. Nie wäre ich so herausgefordert worden, mich mit dem Evangelium auseinanderzusetzen.

Ich möchte die Kirche mit dem Reichtum ihrer Erfahrungen, der Vielfalt ihrer Begabungen, vor allem der Heiligen wegen, nicht missen. Die Kirche ist nicht Gott. Aber Gott hat sich durch seinen Geist bleibend mit ihr verbunden. Durch sie schenkt er uns seine Gegenwart und Gemeinschaft, sein Wort und Sakrament, und dies in guten und in bösen Tagen. Weil er sie nicht fallen lässt, dürfen wir in ihr stehen, sie in ihrer Gebrechlichkeit anschauen und lieben.

Paulus, Appolos, Kephas ..., alles gehört euch, ihr aber gehört Christus, und Christus gehört Gott, so heißt es im ersten Korintherbrief (3,22f).

Wir sind nicht bestimmter Menschen wegen in der Kirche, sondern Gottes wegen. Und darum dürfen wir uns um Gottes willen nicht bestimmter Menschen wegen von der Kirche verabschieden. Die Entscheidung, um die es hier geht, stellt uns vor Gott. Das Evangelium Jesu Christi und seine Verkündigung in aller Welt sind wichtiger als Ärgernisse in der Kirche.

Bischof von Limburg

Forum Hirtenbrief

Antwort an Bischof von Limburg:

Aus ihrer Feststellung, Herr Bischof: Die Kirche ist nicht Gott, spricht die ganze menschliche Unzulänglichkeit der Kirche, im Besonderen das, wie viele meinen, fehlende Gespräch mit Wissenschaftlern und Künstlern, Frauen und Jugendlichen. Es ist bekannt, dass der Papst, er wird ja besonders mit dieser Sprachlosigkeit identifiziert, der Wissenschaft und Kunst sehr aufgeschlossen gegenübersteht (Gespräch mit den Wissenschaftlern beim Deutschlandbesuch 1980). Hier können wir als glaubende Christen, auch nach dem heutigen Erkenntnisstand, mit einem Max Planck in aller Demut doch wohl nur bekennen: Der erste Schluck aus dem Becher der Wissenschaft erzeugt Atheismus, aber auf dem Grund des Bechers kommt einem Gott entgegen.

Sie haben im Hirtenbrief einen Leitfaden für ein aktives Glaubensleben aufgezeigt, Herr Bischof. Das antiautoritäre Denken und die falsch verstandene Freiheit in unserer westlichen Wohlstandsgesellschaft haben aber wesentlich die Frohe Botschaft von Jesus Christus überlagert. Entschiedenes Tun in dieser Kirche im Sinne des Schriftwortes: Du sollst den Herrn, deinen Gott lieben und deinen Nächsten wie dich selbst, und ich glaube, die Reihenfolge ist nicht unwichtig, könnte erneuerte Kirche heute Wirklichkeit werden lassen.

Der Verfasser

Die Wunder Jesu

Leserbrief an die Kirchenzeitung für das Bistum Limburg zu einer Anfrage über die Wunder Jesu:

Verlieren wir als Kirche vor lauter Fortschrittsgläubigkeit nicht mehr und mehr unsere Identität? Zu dieser Annahme muss man kommen, wenn man die Antwort auf eine Anfrage zu den Wundern Jesu liest. Mit sprachlicher Kunstfertigkeit wird hier versucht, dem Anfragenden diese Wunder verständlich zu machen.

Wir glauben als Christen, dass dieser Jesus der Sohn Gottes ist. Warum sagt man nicht ohne Wenn und Aber, wenn er das ist, war es ihm auch ohne Weiteres möglich, die Naturgesetze zu durchbrechen. Wen wundert es da, wenn entschiedene Christen den Weg zu geistlichen Bewegungen gehen, die aus dem Glauben leben. Ist in unserer Kirche nicht die Spiritualität verloren gegangen?

Der Glaube an jegliches Übernatürliche ist wohl verloren gegangen. Sollte spirituelles Denken gerade in unserer Kirche nicht mehr denn je gefragt sein?

Sogar in der renommierten Zeitschrift P. M., die mit der Kirche sonst nicht gerade viel im Sinn hat, kann man nachlesen: Der weltbekannte Physiker Prof. Paul Davies von der Universität Adelaide (Australien) glaubt, dass nach allen bisherigen Erkenntnissen der Mensch, der ein Naturgesetz entdeckt, damit ganz direkt einen Gedanken Gottes zu fassen bekommt.

Der Verfasser

Subjektive Theologie

Antwortbrief Domkapitular für das Bistum Aachen:

Da ich von der Limburger Kirchenzeitung als Autor der in Ihrem Brief angesprochenen Antwort Ihr Schreiben als Kopie erhielt, möchte ich Ihnen gerne persönlich darauf antworten. Sosehr ich Verständnis für Ihre Besorgnis habe, es könne den Menschen unserer Tage der Sinn für das Transzendentale verloren gehen, so wenig kann ich allerdings erkennen, wie ich durch meinen Beitrag über das Verständnis der Wunderberichte der Evangelien dazu beigetragen hätte. Bei dem geringen Umfang des mir für die Beantwortung zur Verfügung stehenden Raumes kann der Autor wenigstens bei einer Frage wie der angesprochenen unmöglich alle Aspekte behandeln. So zweifle ich so wenig wie die moderne kirchliche Theologie daran, dass Jesus als Sohn Gottes die Macht hatte, die Naturgesetze außer Kraft zu setzen. Es bleibt aber die von unserer Kirche in den letzten Jahrzehnten deutlicher erkannte Frage, ob dies eine Conditio sine qua non des christlichen Wunderbegriffs ist – zumal, wie ich auch darzustellen versuchte, die biblischen Schriftsteller für eine solche Fragestellung überhaupt kein Sensorium hatten.

Im Gegensatz zu Ihrer Vermutung bin ich der Überzeugung, dass die deutlichere Herausstellung der Wunder Jesu als Glaubenszeichen, an die zu glauben wesentlich mehr bedeutet, als die historische Echtheit der berichteten Ereignisse für wahr zu halten, die Spiritualität fördert, statt sie zu schmälern.

Domkapitular, Aachen

Der Glaube muss zutiefst gelebt werden

Ja, ich glaube. Ich bekenne das Apostolische Glaubensbekenntnis, und ich bekenne den Glauben der katholischen Kirche. Der Grund meines Glaubens ist entscheidend die Gnade Gottes. Die Beschäftigung mit philosophischer Erkenntnistheorie habe ich immer beibehalten, aus Neigung und zur vernünftigen Absicherung meines Glaubens. Die Leugnung einer natürlichen Gotteserkenntnis etwa durch den philosophischen deutschen Idealismus ist dann in ihrem Fundament nicht haltbar, ebenso wenig der philosophische Empirismus und der philosophische Positivismus, und erst recht verbietet sich eine Verabsolutierung naturwissenschaftlicher Erkenntnisse. Die jeweils zugrunde liegende philosophische Erkenntnistheorie ist in sich brüchig. Naturwissenschaftliche Erkenntnisse sind sozusagen von vordergründiger Art. Auch die Existenzphilosophie von Heidegger kommt nicht zum Letzten. Sicher ist alle unsere philosophische Erkenntnis, gerade was Gott angeht, immer nur Stückwerk, aber die Stücke sind in ihrer Wahrheit erkennbar. Gott wird durch das philosophische Bemühen auch nicht zu einem bloßen Objekt menschlicher Erkenntnis, dieser öffnet sich vielmehr einen Zugang zu ihm.

Beschäftigt hat mich in dem Bemühen um eine verstandesmäßige Grundlage meines Glaubens jedenfalls früh die Christusfrage. Die in meiner Jugend noch anzutreffende Leugnung der historischen Existenz des Herrn behauptete letztlich, das Christentum sei ohne Grund entstanden. Das Judentum mit seiner Ablehnung des Christentums, sofort als dies in Erscheinung trat, hat Jesus als historische

Persönlichkeit niemals geleugnet. Und wie will man sonst die ersten Schriften des heiligen Paulus aus den 50er-Jahren des ersten nachchristlichen Jahrhunderts erklären? Christus als der Auferstandene kann keine Mythologie sein. Nach dem vordergründigen Scheitern Jesu am Kreuz hätten seine Anhänger sich nur in einem von Melancholie durchwehten stillen Zirkel finden können, ohne die Kraft und den Willen seine Person als einen zentralen Mittelpunkt einer Missionierung nach außen zu tragen. Die Unterscheidung zwischen dem historischen Jesus und dem Christus des Glaubens ist durch einen inneren Widerspruch gekennzeichnet, psychologisch und in der Sache nicht haltbar. Nach einem völligen Scheitern der Person hätte allein die Lehre für eine Verkündigung insbesondere zunächst unter den Juden kein Fundament abgegeben. Man muss schon ein reales Wieder-in-Erscheinung-Treten bejahen.

Wenn Paulus in einem auf die Mitte der 50er-Jahre sicher zu datierenden Brief von den Erscheinungen des Herrn als reale Tatsachen spricht, das Todesjahr Christi, im sogar praktisch nicht infrage kommenden Falle, höchstens etwa 30 Jahre zurücklag, konnte das keine Erfindung, keine Legende und kein frommer Glaube sein. Die Erscheinungen des Auferstandenen sind dem Apostel zudem bereits überliefert worden. Nicht zuletzt: Kein Auferstehungsbericht der kanonischen Evangelien schildert die Auferstehung selbst. Frommer Glaube und Erfindung hätten dies aber getan.

Berichtet wird allein das erfahrene Geschehen, das sich dann aber selbst auch wirklich ereignet haben muss. Die Historizität der Auferstehung muss somit als eine der glaubhaftesten historischen Berichte gewertet werden. Gleich wie man die Niederlegung der Evangelien datiert, der Verfasser dieses Beitrags ist für seine Person übrigens auch davon überzeugt, dass jedenfalls das vor allem für Juden geschriebene Matthäus-Evangelium vor dem Ausbruch des jüdischen Krieges 47 n. Chr. niedergelegt sein muss. Das geschlossene jüdische Siedlungsgebiet Palästina wurde in seiner Substanz schon damals, also vor der Niederwerfung des Aufstandes des Bar Kochha in den 30er-Jahren des zweiten nachchristlichen Jahrhunderts, getroffen. Der verstorbene anglikanische Bischof Robinson betont ferner zu Recht, dass das Fanal des Tempelbrandes 70 n. Chr. von den Evangelisten jedenfalls aber von Matthäus nicht nur als Bestätigung der Weissagung Christi, sondern vor allem als Zeichen für das Christentum als die die alttestamentliche Religion ablösende und vollendende Religion gekennzeichnet worden wäre. Die Feststellungen und Überlegungen rechtfertigen, selbst wenn man auf den letzten Gedanken nicht abstellt, menschlich gesprochen, die Vernünftigkeit des Glaubens an den Gott-Menschen Christus.

Sie sind allerdings nur eine Vorstufe zum Glauben selbst.

Und weshalb bin ich bewusst Mitglied der katholischen Kirche? Sie lehnt die Permissivität ab und ist dabei, befasst man sich näher mit ihr, von einer harmonischen und in sich schönen Religion getragen. Vor allem: Die katholische Kirche existiert seit 2000 Jahren, hat politische, gesellschaftliche und geistige Umbrüche erlebt und ist, bei aller Entfaltung, doch dieselbe Kirche geblieben. Und das, obwohl viele ihrer Amtsträger und mehr oder weniger alle ihrer Angehörigen längst nicht immer katholisch lebten. Sie kann kein Menschenwerk sein, gleich wie groß oder klein sie in Zukunft sein wird. Das Wort Jesus ja, Kirche nein, ist verfehlt. Dass es auch andere Wege zum katholischen Glauben gibt, ist selbstverständlich. Dass man jeden Weg zu ihm von vorneherein ablehnen kann, aber nur als Willensakt, eben ich will nicht, ist leider auch zutreffend. Hier wie in allen anderen zum Glauben führenden Wegen gilt, dass er zutiefst gelebt werden muss. Der ehrliche Versuch zu einem derartigen Leben ist, mag er auch oft nur wenig gelingen, jeden Tag von Neuem zu unternehmen.

Präsident Bundesarbeitsgericht a. D.

Bekenntnisse von Wissenschaftlern

Redaktion Deutschlandfunk, Köln:

Warum ich an Gott glaube:
Der Physiker und Atomwissenschaftler geht noch nicht ganz so weit. Aber der Mann, der die Kernforschungsanlage in Jülich aufgebaut hat und Ordinarius für Reaktortechnik an der TH in Aachen war, steht staunend vor der ungeheuren komplexen Welt der Natur, die der forschenden Vernunft letztlich unbegreiflich bleibt: „Es gibt – gerade in der Physik, aber auch in den übrigen Naturwissenschaften – geradezu unwahrscheinliche Dinge, die einfach Wunder sind ... Ich will Ihnen nur ein einziges Beispiel sagen [...] wenn man [...] auf die Grundursachen dieser materiellen Welt zurückgeht, dann stößt man darauf, dass alles gebildet ist aus genau drei verschiedenen Sorten von Elementarteilchen.

Es gibt also nur drei wesentlich verschiedene Körper. Die Protonen, die Neutronen und die Elektronen, aus denen die Atome aufgebaut sind ...

Die Atome bilden dann die chemischen Verbindungen, bilden unter ganz, ganz komplizierten und besonderen Umständen dann die organische Welt, und die organische Welt organisiert sich sozusagen von selber zu dem organischen Leben. Und das Rätselhafte dabei ist, dass diese drei Elementarteilchen, aus denen die Welt besteht, in sich immer gleich sind [...] Trotzdem entsteht aus dieser vollkommen einheitlichen Grundmasse der drei Elementarteilchen [...] diese unglaubliche Vielfalt, die wir gar nicht begreifen."

Voll Bewunderung steht der Professor vor der Tatsache, dass aus den gleichen Bausteinen sowohl Metalle als auch Tiere, Pflanzen und Menschen entstehen können. Aber warum das so ist, wird nach seiner Meinung die Wissenschaft nie ergründen können. Andererseits wagt er nicht, so weit zu gehen, hinter diesem unfassbaren Phänomen eine höchste intelligente Erstursache zu suchen. Als Wissenschaftler stellt er lediglich fest: „Es gibt überhaupt keine Möglichkeit, Schlüsse zu ziehen auf das Jenseits und auf Gott. Es gibt nur die wunderbare Natur und das Wunderbarste an der Natur die Grenze des menschlichen Denkvermögens. Gerade deswegen, weil wir auf Erkenntnisgrenzen stoßen, kommen wir auch zu der Erkenntnis, dass wir die erste Ursache nie erkennen können."

Auf der anderen Seite hindert ihn diese Tatsache nicht daran, an Gott zu glauben. Der gebürtige Westfale stammt zwar aus einer katholischen Familie, aber in der Nachkriegszeit hat er sich als Student der Physik und Mathematik eine Zeit lang mehr mit Nietzsche und anderen modernen Philosophen als mit der Bibel beschäftigt. Je tiefer er jedoch in die Geheimnisse der Naturwissenschaft eindrang, desto mehr fand er zum Gott seiner Kindheit zurück.

„Als ich dann viele Dinge durchschauen konnte, die zu außerordentlich tiefen Gedanken führten, da erst fing ich wieder an, mir über Gott und das Jenseits auf einem relativ hohen Niveau Gedanken zu machen ...

Einen ganz großen Teil an dieser Entwicklung hatte unser Doktorvater Heisenberg [...] und auch sein Freund Karl Friedrich von Weizsäcker. Wobei ich sagen muss, dass die beiden in den vielen Seminaren, die ich mitgemacht habe, nie über religiöse Dinge gesprochen haben. Aber doch in einer unglaublich tiefen Art über die Geheimnisse der Physik, die Geheimnisse der Natur ...

Es ist eine ganz wichtige Sache zu wissen, dass die Menschen nicht alles können, noch nicht einmal in ihren Gedanken. Dass sozusagen das Tor in eine andere Welt oder die Struktur einer anderen Welt völlig offenbleibt."

Die Naturwissenschaft liefert ihm zwar keinen schlüssigen Beweis für die Existenz eines Schöpfers, aber sie hindert ihn auch nicht im Geringsten daran, an ihn zu glauben. Im Gegenteil! Wenn man ihn direkt fragt, warum er an Gott glaubt, sagt er unter anderem: „Das eine ist die Schönheit, die Schönheit der Natur, die Schönheit der naturwissenschaftlichen Gesetze und schließlich auch die Schönheit des Menschen und seiner Gedankenwelt. Das wäre eins, weshalb man an Gott glauben kann."

Dieser Glaube ist für ihn nicht nur eine Sache für den Hinterkopf, sondern eine Überzeugung, die sein ganzes Leben und Wirken prägt.

Obwohl man heute eher über sein Sexualleben als über sein Glaubensleben spricht, bekennt er ganz sachlich, dass er jeden Tag betet, und dass ihm manchmal ein Gebet zum Heiligen Geist hilft, ein sehr schwieriges Problem zu lösen. Sonntags sieht man ihn schweigend und in sich versunken zur Kirche gehen. Er scheint dann seine Umgebung gar nicht wahrzunehmen. Das sind aber nicht die Usancen eines zerstreuten Professors, sondern eines überzeugten Christen, der sich geistig auf den Sonntag vorbereitet: „Wenn wir sonntags in die Kirche gehen, dann ist das für mich immer ein spannendes Erlebnis, welches Evangelium wohl drankommt … Ich habe mich manchmal schon darauf vorbereitet, weil ich in unserer Kirchenzeitung das Evangelium bereits gelesen habe. Und wenn ich aus der Kirche zurückkomme, dann nehme ich mir die Bibel, und wenn mir das Evangelium besonders gefallen hat, dann lese ich mir das noch einmal durch, schaue mir die Zusammenhänge an. Und das finde ich immer wahnsinnig interessant."

Der Mann, der einen absolut sicheren Kernreaktor entwickelt hat, besitzt in seinem weiträumigen Haus eine große Bibliothek, deren Bücher keineswegs nur technisches Interesse verraten. Da steht die Geschichte Israels neben jener der griechischen Kaiser und ein philosophisches Wörterbuch neben den Bekenntnissen des heiligen Augustinus.

Da entdeckt man auch eine Kirchengeschichte neben einer Kunstgeschichte.

Mancher Umschlag ist vom häufigen Gebrauch stark abgegriffen. Das gilt auch für die Bücher über Religionsgeschichte. Der Professor greift eins heraus: „Die ganze Welt ist voll Glauben an Gott. Wir wissen, dass unter den vielen Milliarden Menschen, die es gibt, fast keine Menschen da sind, die nicht auch direkt oder indirekt an Gott glauben. Das ist allein schon ein sehr starker Eindruck, dass das menschliche Leben ohne den Gedanken an Gott und Religiosität und Jenseits gar nicht vorstellbar ist."

Der Biochemiker denkt genauso, und er weiß, dass es viele namhafte Naturwissenschaftler gibt, die das Gleiche tun. Als Musterbeispiel nennt er Einstein: „Er hat bis an das Ende seines Lebens immer wieder vertreten, dass es also Schwachsinn – so ungefähr hat er sich jedenfalls ausgedrückt – sei, den Schöpfer nicht erkennen zu wollen." Professor Herbertz, der an der Technischen Hochschule in Aachen organische Chemie gelehrt hat, teilt diesen Standpunkt, und er weiß ihn auch zu begründen: „In der Biologie und Informatik [...], vor allem auch in der Genkenntnis liegt es nahe, anzunehmen, dass der gesamte Ablauf, auch der Evolutionsablauf, eine programmierte Geschichte ist, dass wir also nicht den Zufall überall annehmen dürfen [...] Es ist einfacher und näher liegend, dahinter einen Schöpfer, wenn man grob sein will, einen Programmierer zu erwarten. Der aber ist der Wissenschaft als solcher nicht zugänglich. Die Wissenschaft kann also nicht sagen: Den haben wir jetzt erkannt. Den haben wir jetzt bewiesen. Sondern die Wissenschaft macht es nur außerordentlich wahrscheinlich, mit einer sehr hohen, an Gewissheit grenzenden Wahrscheinlichkeit.

Er ist ja dem Experiment nicht zugänglich. Über ihn können wir nur etwas wissen, wenn er selbst über sich eine Mitteilung macht. Und das ist ja das, was wir Offenbarung nennen."

Der Professor, der neben seiner wissenschaftlichen Arbeit viele Vorträge über das Verhältnis von Glaube und Naturwissenschaft gehalten hat, erklärt zusammenfassend: „Wir haben also drei Möglichkeiten. Einmal können wir sagen: Ich glaube überhaupt nicht an einen Schöpfer. Es ist alles Zufall. Das ist allerdings – wissenschaftlich gesehen – eine recht dumme Sache, weil man nämlich da etwas glaubt mit der Wahrscheinlichkeit nahe null. Oder ich glaube zwar an einen Schöpfer, aber mehr wissen wir nicht von dem. Oder die dritte Möglichkeit: Wir akzeptieren die Offenbarung."
Er selbst hat sich für die dritte Möglichkeit entschieden, und er sagt auch deutlich, warum: „Einmal, weil es mit meinem naturwissenschaftlichen Weltbild nicht zusammenpassen würde, wenn ich nicht einen Schöpfer, einen Programmierer des gesamten kosmischen Ablaufs und auch des Evolutionsablaufs annehmen würde. Die Unwahrscheinlichkeit, das alles durch Zufälle zu erklären, ist mir einfach zu groß. Und an die Offenbarung glaube ich deswegen, weil mir Leute, die darüber berichten – angefangen von Abraham bis hin

zu Christus – glaubwürdig erscheinen. Und da man ja durch wissenschaftliche Forschung nichts gewahr werden kann, sondern nur durch eine Mitteilung von Gott an uns, nehme ich diese Offenbarung als eine mir wahrscheinlich und glaubwürdig vorkommende Sache an und glaub das dann."

1966 hat er einmal in Ostberlin vor den katholischen und evangelischen Hochschulgemeinden einen Vortrag über die ethische Verantwortung des Naturwissenschaftlers gehalten. In der anschließenden Diskussion war es ausgerechnet ein Ordensmann, der die Auferstehung Christi als naturwissenschaftlich unhaltbar bezeichnete.

Der Professor muss heute noch schmunzeln, wenn er sich daran erinnert, wie er diesem Herrn contra gegeben hat: Lieber Herr, wenn ich daran nicht glauben soll oder die Kirche wie sie erzählt, das ist doch eigentlich wissenschaftlich nicht haltbar, dann könnte mir eine solche Kirche – entschuldigen Sie – gestohlen bleiben. Die hätte für mich keinen Sinn mehr. Selbstverständlich kann ich an Wunder glauben als Naturwissenschaftler. Denn wenn ich glaube, dass ein Schöpfer Naturgesetze erlassen hat, dann kann er wie jeder weltliche Gesetzgeber, der Gesetzte annullieren, neu formulieren oder außer Kraft setzen kann, aus sinnvollen Zwecken, um durch ein Wunder etwas zu beweisen, sich von diesen Naturgesetzen dispensieren oder sie zeitweilig außer Kraft setzen.

Wenn er das nicht kann, dann ist er für mich nicht Gott." Folglich bereitet ihm auch der Glaube an die eigene Auferstehung keine Schwierigkeiten, obwohl er sich der Verwesung des toten Körpers durchaus bewusst ist: „Dass [...] die Atome und Moleküle meines Kinderkörpers [...] bei mir längst nicht mehr vorhanden sind, was soll also das heißen? Man weiß doch sowieso, dass die Identität da ist, obwohl ich heute aus ganz anderen Atomen und Molekülen gebaut bin als vor 50 Jahren. Ich bin doch identisch, der Gleiche. Und wenn ich das Glück habe, hinterher mit einem verklärten Leib wieder aufzuerstehen, was interessiert mich da, ob der aus denselben Knochen oder aus einer ganz anderen Materie ist?"

Radaktion Deutschlandfunk

Über Tod und Auferstehung denkt der Mediziner ganz ähnlich. Als Arzt wird er oft genug mit dem Tod konfrontiert, und auch in der Familie hat er schon dessen Unerbittlichkeit erlebt. Er bekennt: „Ich sehe in dem Glauben an die Auferstehung eigentlich die Haupttröstung für mich. Mein ganzes Christentum oder – sagen wir mal – ein großer Teil meines Christentums wäre nicht sinnvoll, wenn ich nicht auch glaubte, dass es eine Auferstehung gäbe. Ich muss das eigentlich glauben, weil sonst das Leben für mich keinen großen Sinn hätte. Also ich muss glauben, dass wir irgendwohin gehen und nicht irgendwo im Dunkel enden …
Wenn man es nicht glaubte, müsste man es fordern."

Zwar gehörten griechische Ärzte zu den ersten, die schon im 6. Jahrhundert vor Christus in die Geheimnisse der Natur einzudringen versuchten. Aber aus heutiger Sicht arbeiten Mediziner nur im Grenzbereich zwischen Natur- und Geisteswissenschaft. Der Professor, der neben seiner Lehrtätigkeit an der Aachener TH die Rheinische Orthopädische Landesklinik leitet, legt großen Wert auf diese Feststellung: „Ärzte jedweder Couleur, ob Sie nun einen Chirurgen nehmen oder Orthopäden, einen Internisten oder Psychiater, sind eine – hoffentlich – geglückte Mischung zwischen naturwissenschaftlichem Denken und geisteswissenschaftlichen Dingen."
Nur mit dieser Einschränkung ist er bereit, zu Fragen über das Verhältnis von Glaube und Naturwissenschaft Stellung zu beziehen: „In der Naturwissenschaft und in der Medizin stößt man immer wieder an Grenzen. Man stößt an Grenzen in den Gebieten der theoretischen Naturwissenschaft, der

Physik, der Chemie. Immer zum Beispiel dann, wenn die Grenze zwischen Synthese und organischem Leben, ich will sagen zwischen Aminosäure und Zelle, erreicht ist. Es gibt Naturwissenschaftler, die nicht christlich geprägt sind, die sagen: Das ist ein Geheimnis, das wir zu ergründen suchen. Irgendwann mal hat es den Moment gegeben, wo die ungelebte Materie, also ein nicht geordneter Eiweißkörper [...] den Sprung schaffte zu einer Zelle, also zum Leben. Daraus kann man zwei Schlüsse ziehen, nämlich man kann einmal an diesem Scheidepunkt sagen: Es gibt keinen Gott.

Das war ein dialektischer Sprung von der nicht belebten Chemie zum Organismus. Und es gibt eben den christlichen Forscher, der sagt: Da muss etwas dahinter sein, was wir eben nicht nur zurzeit nicht ergründen, sondern wahrscheinlich nie ergründen können. Das ist eben Gott."

Der Professor hat schon als junger Student aus seinem Glauben nie einen Hehl gemacht und nächtelang mit Kommilitonen über metaphysische Fragen diskutiert. Schon damals war es für ihn selbstverständlich, wenigstens am Sonntag in die Kirche zu gehen. Und auch heute noch hält er trotz aller beruflichen Belastung an dieser guten Gewohnheit fest. Er scheut sich auch nicht, zuzugeben, dass er auch außerhalb des Gottesdienstes mit Gott spricht:

Ja, ich bete. Ich bete selber. Ich bete auch mit meinen Kindern. Ich bete für die Kranken und auch für die Sterbenden regelmäßig."

Wenn man ihn nach einer Begründung seiner religiösen Überzeugung fragt, braucht er nicht lange zu überlegen: „Ich möchte eigentlich mit Pascal, dem berühmten Blaise Pascal, sagen ... Wenn es keinen Gott gäbe, müsste man ihn erfinden. Ich möchte Gott postulieren nicht nur aus einem Gefühl der eigenen Ohnmacht, zum Beispiel angesichts des Todes oder angesichts nicht heilbarer Krankheiten. Sondern ich möchte Gott auch postulieren, weil ich aus meiner naturwissenschaftlichen und ärztlichen Kenntnis viele Dinge einfach so nicht erklären kann und dahinter Gott vermute [...] Ich möchte eigentlich auch Gott postulieren aus einem anderen Grund, nämlich aus dem Grund meiner Naturerfahrung. Wenn ich draußen in der Natur bin, kann ich mir unmöglich vorstellen, dass das alles per Zufall so gekommen sein kann [...] Daher ist Gott für mich eine Selbstverständlichkeit."

Auch er kennt viele Kollegen, die ähnlich denken: „Nenne ich ihnen aus dem medizinischen Bereich den berühmten Professor Büchner, der als Pathologe ein ganz streitbarer Christ war [...] Er war so selbstverständlich auch in seiner Humanität, dass er zum Beispiel während der Nazizeit 1941 in dem Audimax der Freiburger Universität einen Vortrag gehalten hat, in dem er die Euthanasie in einer Form bloßgestellt und verurteilt hat, die also sensationell war. Und es ist einfach einem Wunder fast gleichzusetzen, dass der Mann nicht von der Stelle weg verhaftet wurde. Und es gibt viele andere, auch berühmte Internisten, die [...] ganz christlich geprägt waren. Auch viele theoretische Naturwissenschaftler, also Biochemiker und Physiker, die immer wieder die Grenzen gezeigt und gesagt haben: Hier kann uns eigentlich nur das Christentum weiterhelfen."

Diese Aufzählung ließe sich beliebig verlängern. Der weltbekannte Herzchirurg Professor Barnard schreibt in seiner Autobiografie, er habe sich schon als junger Student in der Anatomie gefragt, wie man den ungeheuer komplizierten und unendlich schönen Aufbau des menschlichen Körpers betrachten konnte, ohne an die Macht des Schöpfers zu glauben.

Der Raketenforscher Wernher von Braun erklärte 1966 im Norddeutschen Rundfunk, es sei ein Irrtum, wenn der Mensch meine, wir wüssten im Zeitalter der Weltraumfahrt so viel über die Natur, dass wir es nicht mehr nötig hätten, an Gott zu glauben.

Der Astronaut James Irwin, der 1971 drei Tage auf dem Mond verbracht hatte, erklärte nach seiner Rückkehr: „Es schien einfach so, als ob Gott ganz nahe sei."
Und der Astronaut Charles Duke, der 1972 20 Stunden auf dem Mond verbracht hatte, sagte nach der glücklichen Rückkehr: „Den Mond kann man nur einmal entdecken. Gott aber jeden Tag."

Wissenschaftler verschiedener Genres

Einstein und die Gottesfrage

Der große Geist, dem auch andere Erkenntnisse zu danken sind, erhielt 1921 den Nobelpreis für seine Arbeiten zur Relativitätstheorie. In seinem Forscherleben, das 1955 endete, hat er wie keiner hinter die Dinge der Schöpfung geschaut.

Vor dem Ende seiner Tage schrieb er: „Mein Glaube besteht in der demütigen Anbetung Gottes, der sich selbst in den kleinsten Einzelheiten der Materie offenbart. Meine tiefe gefühlsmäßige Überzeugung von der Existenz Gottes, die sich überall im Weltraum manifestiert, bildet die Grundlage meiner Existenz und meines Glaubens. Ich bin zwar Jude, aber das strahlende Bild Jesu, des Nazareners, hat auf mich einen überwältigenden Eindruck gemacht [...] Es hat sich keiner so ausgedrückt wie er. Es gibt wirklich nur eine Stelle in der Welt, wo wir kein Dunkel sehen – das ist die Person Jesu Christi. Zu ihm hat sich Gott am deutlichsten vor uns hingestellt. Ihn verehre ich."

Entdecker der Relativitätstheorie

Schöpfung und Evolution

Interview mit einem Physiker, Politiker und Katholiken:

Papst Johannes Paul II. hat erklärt, Evolutionstheorie und christlicher Glaube müssten keine Gegensätze darstellen. Dennoch kommt aus den USA mit dem Stichwort Intelligent Design eine neue Debatte darüber zu uns. Warum halten Sie diese Diskussion für interessant und wichtig?

„Die Debatte, die in den USA Züge eines Glaubenskrieges angenommen hat, ist nicht mein Thema. Ich halte es auch nicht für wünschenswert, diese Debatte in Deutschland zu kopieren. Ich möchte lediglich offen darüber diskutieren können, wie sich Evolutionstheorie und christlicher Glaube vereinbaren lassen.

Einige Reaktionen auf meinen Vorstoß haben mir gezeigt, dass es Zeitgenossen gibt, die am liebsten Denkverbote erteilen möchten, indem sie behaupten, die Biologie sei inzwischen imstande, alles zu erklären, für Gott gebe es – kurz gesagt – keinen Platz mehr. Diese Sicht der Dinge sollte bereits zu DDR-Zeiten gelten, das, so hieß es, folge zwangsläufig aus den Erkenntnissen der Naturwissenschaften."

Kardinal Schönborn aus Wien warnt vor einer Ideologie des Neo-Darwinismus.
Sehen Sie solche Tendenzen auch? Wird unsere Welt zu naturalistisch gesehen?

„Wenn Sie den Leitartikel des SPIEGEL zu diesem Thema gelesen haben, können Sie den Eindruck gewinnen. Dort wurde einmal mehr der Versuch unternommen, die Evolutionstheorie, die sicherlich begründet und plausibel ist, dermaßen zu verabsolutieren, dass für weitergehende Fragen bestenfalls Ironie übrig bleibt. Ich finde diese Art der Absolutheitsansprüche falsch. Wenn Sie die Evolutionstheorie mit diesem Ausschließlichkeitsanspruch versehen, sodass kein Platz mehr für den Glauben bleibt, wird daraus Evolutionismus, also eine Ideologie."

Sie sind Physiker, Politiker und Katholik. Sie haben sich in die Debatte eingemischt und sind auch angegriffen worden. Welche Bedeutung haben die Fragen für Sie selbst?

„Als Christ, der sich nicht nur als Sonntagschrist sieht, bin ich berufen und gezwungen, mich immer wieder mit diesen und ähnlichen Fragen auseinanderzusetzen. Ich habe mein naturwissenschaftliches Studium nie als Gegensatz zu meinem christlichen Glauben angesehen. Ganz im Gegenteil: Ich verstehe das – Macht euch die Erde untertan – als Aufforderung, möglichst viel von ihr zu begreifen und zu erforschen. Wie Max Planck bin ich der Auffassung, dass der Mensch die Naturwissenschaft zum Erkennen braucht und den Glauben zum Handeln.

Der Begründer der Quantentheorie sagt aus meiner Sicht zu Recht: Religion und Naturwissenschaft schließen sich nicht aus, wie heutzutage manche glauben und fürchten, sondern sie ergänzen und bedingen einander. Für den gläubigen Menschen steht Gott am Anfang, für den Wissenschaftler am Ende aller Überlegungen."

Wie haben Sie Ihren Kindern die Geschichte von Adam und Eva erklärt und wie die Theorie von Darwin? Und wie den Zusammenhang?

„Ich habe ihnen versucht zu erklären, dass es sich bei Adam und Eva um eine Überlieferung handelt, die die Weltsicht von Menschen vor einigen Tausend Jahren wiedergibt, wir aber heute sehr viel genauer wissen, wie die Welt und wie wir Menschen entstanden sind. Was aber nichts an dem christlichen Grundgedanken ändert, dass es sich bei allem, was wir Menschen vorfinden, um Gottes Schöpfung handelt. Heute könnte ich wahrscheinlich mit einem Augenzwinkern hinzufügen: Auch die Evolutionsbiologen sind Geschöpfe Gottes, Bibeltexte sind nicht wortwörtlich, sondern als Bilder oder Gleichnisse zu nehmen. Wir erwarten doch auch von aufgeklärten Muslimen, dass sie die Koransuren zeitgemäß übersetzen. Andere Formen verleiten zu Fundamentalismus. Bei meiner Erziehung war und ist mir wichtig, zu Toleranz zu befähigen und zu erziehen. Das setzt voraus, dass ich eine eigene Überzeugung habe und sie auch vertreten kann. Ebenso wichtig ist es, die Auffassung des Gegenübers zu kennen und zu tolerieren. Das bedeutet nicht, dass ich diese Überzeugung teilen muss."

Politiker, Katholik, Physiker, Erfurt

Denken des Glaubens –
Denken der Naturwissenschaft

Journalist zum Thema Glaube – Naturwissenschaft:

In diesem Klima mussten sich Wissenschaftler unterschiedlicher Fachgebiete in der katholischen Akademie Mainz stellen, als sie über das Thema „Weiß der Glaube – glaubt das Wissen?" diskutierten. Anlass der Tagung: Vor zehn Jahren war die Enzyklika Fides et Ratio von Papst Johannes Paul II. veröffentlicht worden, an der damals wohl auch der heutige Papst Benedikt XVI. seinen Anteil hatte. Dass das Denken des Glaubens sich nicht als Konkurrent des Denkens der Wissenschaften begreifen muss, sondern wie das Tun der sich empirisch verstehenden Naturwissenschaften ebenfalls ein tatsächliches Denken und Sprechen von der einen Wirklichkeit des Menschen ist, betonten der Religionsphilosoph Professor Richard Schaeffler aus München und der Churer Weihbischof Professor Peter Henrici SJ. Das Denken des Glaubens besitzt wie das Denken der Naturwissenschaft gleichermaßen einen Anspruch auf Rechtsgültigkeit. Damit begegnen sie der Anmaßung derjenigen Naturwissenschaftler, für die Religionskritik Teil ihres Auftrages ist, aber auch den Sozial- und Humanwissenschaften wie der Psychologie, worauf Peter Henrici hinwies.

Diese wollen den Glauben als eine Art uneigentliches, virtuelles Umgehen mit Wirklichkeit verstehen.

Das heißt: Das Denken und Sprechen des Glaubens darf sich nicht auf das Konzept von den zwei Wahrheiten gegenüber den modernen Wissenschaften einlassen. Das bezeichnete

Professor Schaeffler als eine der entscheidenden Einsichten aus der derzeitigen Debatte von Kreationismus, Intelligent Design und Evolutionstheorie. Wenn Schaeffler in Mainz das Denken des Glaubens mit Termini wie dem Hören auf das Wort Gottes, dem Feststehen in dem, was man hofft, und der Torheit des Glaubens entfaltete, dann machte er mithilfe dieses Denkens Aussagen über den Sinn von Mensch und Welt. Und diesen in einer über 2000-jährigen Geschichte der christlichen Kultur gewonnenen Aussagen werden sich die neuzeitlichen und modernen Wissenschaften stellen müssen, will man sie ihrerseits ernst nehmen können.

Wissenschaftsjournalist, Würzburg

Geplanter Zufall – zufälliger Plan

Veröffentlichung zum Zufallsbegriff:

Beim Vergleich von Schöpfungserzählungen und Evolutionstheorie einen Konflikt zu konstruieren, geht an der Sache vorbei. Seit vierzig Jahren wird aus der als blanker Zufall angesehenen Mutation im Erbgut und der mit naturgesetzlicher Notwendigkeit agierenden Selektion auf die Plan- und Ziellosigkeit und auch auf die Gottlosigkeit des gesamten Evolutionsprozesses rückgeschlossen.

Denn, so die Meinung vieler Evolutionstheoretiker, wo – wie bei der Mutation – Zufall im Spiel sei, könne von einem kompetenten Plan oder Planer auch für den Gesamtprozess nicht mehr die Rede sein. Das hatte Konsequenzen auch für das Bild vom Menschen, der als nahezu beliebig unwahrscheinlicher Zufallstreffer angesehen wurde. Leider war dieser Zufallsbegriff schlecht durchdacht. Zufällig ist die Mutation nur in Bezug auf die Notwendigkeit der Selektion. Die diesbezüglichen Experimente zeigen lediglich, dass die Mutation ungerichtet, das heißt ohne Rücksicht auf die selektiven Gegebenheiten, und vor deren Wirksamwerden erfolgt. Die zahlreichen zu findenden Plätze für Mutationen im Erbgut zeigen aber deutlich, dass keine Zufallsverteilung gegeben ist und von einer völligen Zufälligkeit nicht die Rede sein kann. Was sich angesichts der unüberschaubar hohen Komplexität der Prognose entzieht, wird wie zufällig behandelt. Demgegenüber sind die bei der Mutation vorliegenden biologischen Zufallsereignisse der Kausalrecherche grundsätzlich zugänglich. Aber die genaue Kausalrecherche ist aus Gründen der Komplexität und der hohen Zahl berücksichtigungsbedürftiger Einflussgrößen oft nicht realisierbar. Hier handelt es sich um den subjektiven Zufall. Der aber ist nicht geeignet, die absolute Ziellosigkeit nachzuweisen und damit einen Plan oder sogar einen Planer grundsätzlich auszuschließen.

Theologe und Biologe, Aachen

Anmerkungen

1. SWR-Landesstudio Rheinland-Pfalz: Der Vortragende in der katholischen Morgenfeier war ein Dozent mit Lehrtätigkeit, Speyer (1990)

2. Der Verfasser war neben seinem Berufsleben auch immer persönlich mit Religion und Naturwissenschaft befasst. Theologie bei Pfarrgemeinderat und Verwaltungsrat gehörte ebenso dazu wie wissenschaftliche Literatur (1970 – 2010)

3. Kommuniqué Bischofskonferenz: Klärung des Verhältnisses zwischen Lehramt und Wissenschaft bei einem Treffen der Deutschen Bischofskonferenz in Mainz (1990)

4. Domkapitel Limburg: Die Beantwortung eines Lesers in der Kirchenzeitung durch den zuständigen Domkapitular (1990)

5. Bischof von Mainz: Der heutige Kardinal und ehemalige Vorsitzende der Deutschen Bischofskonferenz (1990)

6. Bischof von Limburg: Der ehemalige Ortsbischof, aus dem Münsterland stammend, arbeitet heute in einer Behinderteneinrichtung im Rheingau (1995)

7   Domkapitel Aachen: Beantwortung einer Anfrage des Verfassers durch den zuständigen Domkapitular, Bistum Aachen (1995)

8   Präsident Bundesarbeitsgericht a. D.: Öffentliches Bekenntnis in der Kirchenpresse des Professors und ehemaligen Präsidenten des Bundesarbeitsgerichts in Kassel und Ehrenbürgers von Limburg (1995)

9   Redaktion Deutschlandfunk: Sprecher von Religion und Kirche, in der Sendung am Sonntagmorgen, Köln (1995)

10 Entdecker der Relativitätstheorie: Aussage des weltberühmten Wissenschaftlers Albert Einstein: Offenbarung Gottes findet sich in den kleinsten Einzelheiten der Materie (1995)

11 Politiker, Katholik und Physiker: Interview des ehemaligen thüringischen Ministerpräsidenten, Erfurt (2000)

12 Wissenschaftsjournalist: Würzburg. Zuständig für Politik, Gesellschaft und Kultur berichtet (2005)

13 Theologe und Biologe: Der Gelehrte der Technischen Hochschule Aachen legt den Konflikt von Schöpfung und Evolution dar (2010)

Register

Anfrage	19
Auferstehung	20
Aussagen	16
Bekenntnisse	27
Denken	26
Einstein	33
Ereignis	20
Erscheinen Christi	19
Evolution	34
Forum	22
Glaube	25
Glauben	15
Gott	9
Gottesfrage	14
Hirtenbrief	22
Hirtenwort	21
Lehramt	18
Methode	16
Naturwissenschaft	15
Subjektive	24
Schöpfung	21
Theologie	24
Wissenschaft	18
Wissenschaftler	27
Wunder Jesu	23
Zeit	9
Zufall	37

Buchveröffentlichungen von Felix Hess

1 Heimatbroschüre:
   Würges im Taunus – Kleine Dorfgeschichte,
   Ammelung Druck, Bad Camberg (1985)

2 Kirche Gottes, wohin? Aphorismen eines Laien,
   Augsburg (2004), ISBN-3-934225-37-3

3 Familienbuch: Familiengeschichte [1900 bis 2000]
   Druck: Fomanu, D-Neustadt (2013)

Das Weihebild des Limburger Domes

DANK UND ANERKENNUNG

sage ich Ihnen,

Herrn Felix Hess

für Ihren ehrenamtlichen Dienst
in den synodalen Gremien im Bistum Limburg.

Das Weihebild des Limburger Domes zeigt in der Mitte Christus, den Weltenherrscher, als obersten Lehrer der Kirche auf dem königlichen Thron, ihm zur Seite die beiden Patrone des Domes, der Heilige Nikolaus, Schutzpatron der Bürger der Stadt, und der Heilige Georg, Schutzpatron des ehemaligen Chorherrenstiftes und heute Diözesanpatron. Auf gleicher Höhe stehen sie, Christus zugewandt. Sie sind miteinander verbunden durch ihre Hinwendung auf IHN, das Haupt unserer Kirche.

Das Bild zeigt: Beide, Priester und Bischof und Laie, gehören zusammen, gemeinsam sind sie Kirche. Als ein Volk, als eine königliche Priesterschaft sind die Christen IHM und seiner Frohbotschaft verpflichtet.

Durch Ihren Einsatz in den synodalen Gremien, in denen das Miteinander von Amt und Mandat mit Leben gefüllt wird, trugen und tragen Sie dazu bei, den Auftrag der Kirche zu erfüllen, Zeugnis zu geben von der Gegenwart Gottes bei den Menschen.

Dafür danke ich Ihnen von Herzen und wünsche Ihnen Gottes Segen.

Limburg, im August 1994

† Gerhard Pieschl
Bischofsvikar
für den synodalen Bereich

Über den Autor:

Felix Hess, verheiratet, 3 erwachsene Kinder, Studium der Innenarchitektur an der Werkkunstschule (Fachhochschule) Wiesbaden. Tätigkeit: Handwerk, Behörde, Industrie

Dem Autor des Buches kam es besonders darauf an, die Gesamtzusammenhänge des Themas aufzuzeigen, um zu einer subjektiven Meinung zu kommen.

www.ingramcontent.com/pod-product-compliance
Lightning Source LLC
Chambersburg PA
CBHW031546210526
45464CB00003B/1179